学校数学から
教養数学へ

深井 文宣

東京図書出版

は じ め に

★使うことのない分野の数学の学習はやめよう！

　難しい数学を学習しても社会に出てから役に立たないという感想・意見をよく聞きます。実情をみると、そう感じる方が多いのも納得できます。

　ところが、どの部分の数学が重要であるかは示されていない気がしました。

　これは、最近の大学入試の数学の問題を見て感じたのです。また、中学校の数学の教科書を見ても感じました。時間を割いて学習しても、得るものはわずかでしかないという感想です。高校の理科の教員だった筆者が考え続けていたのは、『どのような学習課題を与えれば、高校生が真剣に学習し、社会に出てから役に立つ能力を得られるか？』でした。当時の高校生の将来に不安を感じたのです。そして『現在何をお膳立てしたらよいのか？』と考えました。

★受験型学習から解説型学習への方針変更！

　結論を言えば『難問を解く』受験型学習から『難問を平易に解説する』解説型学習で、『切れ切れになっている学習内容』の統合学習です。

★重要な証明を完成させてから気づいたこと

　数学で難しい項目は『三角関数』と『微積分学』でした。さらに、コンピューターを使って『統計学』を納得できると、数

学の学習時間は大幅に短縮できます。

★難しいから時間をかける

　筆者は三角関数や微積分学やコンピューター科学の分野を学習することをやめようと主張してはいません。全く逆で、十分な学習時間をとって、完全に理解してもらいたいと主張したいのです。いろいろな危険から身を守るためです。

★数学の完全理解の必要性を痛感した出来事

　☆人工衛星打ち上げ用ロケットの上昇時回転数を間違え爆発させた。

　☆巨大な建造物の固有振動数に無知で、地震での建造物破壊を招いた。

　今やこれらはコンピューター・シミュレーションで防ぐことが可能です。安全確認のための数学の手法は完成しているはずです。

★『天才の証明があるから他の証明はいらない』という主張はやめましょう

　西洋・東洋を問わず『この不思議なことは神から与えられた』として深く考察をしなくなる傾向があると感じています。これを数学に持ち込まれると困ったことになります。深く追求することを止めてしまうのです。

　正しいと思われることなのですが、証明が不十分であることを問題にすると『これでいいのだ』という疑問を打ち消す主張に出くわします。(@_@)

★積分には不思議な力があると思いこんだ時期があった

高校生の頃に、『速度を積分すると移動距離が計算できる』から思いついたことは、『積分には不思議な力がある』でした。馬鹿な事でした。(>_<)

★世の中には誤って信じていることが多数ある

同様に『文字には不思議な力がある』……文字を10％分、間違ったら力は失せるのか？　20％誤記ではどうか？……

★オイラーの公式をどう考える？

$\boxed{e^{i\theta} = \cos\theta + i\sin\theta}$ と $\boxed{\cos\theta + i\sin\theta = e^{i\theta}}$ との違いはどこに？

多くの数学の本は左側の式を証明しています。すると $\cos\theta$ と $\sin\theta$ の意味が不明になり、よくわからないテイラーの定理を持ち出すことになります。

拙著『オイラーの公式は一行で証明できる』では、$\cos\theta$ と $\sin\theta$ の意味を明確にしました。これを複素平面で表すと、$\boxed{\cos\theta + i\sin\theta}$ です。ここから始めて $e^{i\theta}$ を求めました。

この証明では、テイラーの定理は使いません。

★テイラーの定理は数学での証明

テイラーの定理は、微分の考え方から始まり、曲線の性質を追究して証明しています。『積分には不思議な力がある』という思いの原因となりました。

物理学はこの定理をコンピューター科学に広げて、物体の運動を計算することができます。が、なぜだろう？　という思いがありました。明解な証明が必要と考えていました。

【主張】

　この本は数学の歴史を忠実に追いかけてはいません。数学の考え方の中には『発明』があることを知って納得して欲しいのです。

目　次

はじめに I

第 0 章　　数値の発明 9

§0-1　数との出会い 9

§0-2　数の種類と数直線の発明 10

§0-3　負の数の発明 11

§0-4　整数値サイコロ発明のきっかけ 12

第 1 章　　社会で役立つ教養数学 14

§1-1　数学は発明の宝庫 14

§1-2　負の数のサイコロ 15

§1-3　コンピューター式すごろくゲーム 16

§1-4　仮想すごろく 17

§1-5　あり得ない確率 18

§1-6　数の認識 19

§1-7　掛け算 20

§1-8　十進法の九の段で起こる不思議なこと 21

§1-9　0 がないと仏教の教義が完成しない 23

§1-10　0 で存在しないことを明示する 24

§1-11　掛け算から分数の発明 25

§1-12　繁分数への進化 26

§1-13　無意識に避けられてきた繁分数 27

§1-14　負の数値になる電流 28

§1-15　キルヒホッフの法則の計算例 30

§1-16　数直線から直交座標への発展 31

第2章　教養の数学の威力 32

§2-0　数学学習の目的 32

§2-1　教養の数学の中心はどこか？ 33

§2-2　三角関数の便利さ 34

§2-3　三角関数を使う問題 35

§2-4　比例・分数・加比の理・比例配分 36

§2-5　遺産のラクダの比例配分 37

§2-6　帰一法を使う比例計算 38

§2-7　分数を使う比例計算 39

§2-8　比例式と分数の関係 40

§2-9　連立方程式の解法 41

§2-10　連立方程式を表計算で解く 42

§2-11　相似図形 43

§2-12　三角形の三辺の長さから形を決める 43

§2-13　割合の解説に加比の理を使う解説 44

§2-14　百分率 45

§2-15　％から割・分・厘への変換 46

§2-16　食塩水の濃度問題 47

§2-17　食塩水問題 48

§2-18　縦型足し算の基礎 49

§2-19　ヘロンの公式 50

§2-20　大きな数値と小さな数値を指数で表現 51

§2-21　指数計算の法則 52

第3章　単位の変換 53

§3-0　単位の種類・一覧表 53

§3-1　分数を使った単位変換 54

§3-2　日・時間・分・秒への変換 56

§3-3　時間・分・秒への変換 57

§3-4　時間単位変換プログラム 58

§3-5　m・cm・mmへの変換 59

§3-6　L・dL・mL 60

§3-7　g・kg・t 61

§3-8　面積 62

§3-9　容積の単位変換 63

§3-10　時間の繰上がり・下がり計算 64

§3-11　科学計算と単位の接頭語 65

§3-12　長さの変換 66

§3-13　質量 67

第4章　組立て単位 68

§4-0　公式を楽に記憶する法 68

§4-1　抵抗 69

§4-2　速度 69

§4-2-1　速度の定義

§4-2-2　速度と距離から時間を求める

§4-2-3　速度の変換

§4-3　密度 71

§4-3-1　密度の定義

§4-3-2　密度の基本

第5章　電気の計算 73

§5-1　電子工学での単位の接頭語 73

§5-2　電気の単位と変換 73

　§5-2-1　抵抗値

　§5-2-2　電子工作での抵抗値

§5-3　電子工学での計算問題 75

§5-4　ありえない電気計算 76

§5-5　電気の計算と単位の変換 77

　§5-5-1　実際に使う電流値

　§5-5-2　単位の計算ができるようにするために

§5-6　日本語コンピューター・ソフトウェアに思う 78

おわりに 80

第0章　数値の発明

§0-1　数との出会い

　数に関する歴史的な事項を集めてみました。

★個数を数えるときに『1、2、3、4……』を使います。
★0は古代ではとくに必要とはされませんでした。
★インドの仏教で0が必要とされることがおきました。
★0が加わった足し算で、負の数が必要とされることが分かりました。
★掛け算九九で、2×○＝3となる数○がありません。

　以上のことを、小学校入学前の子供に説明してもわかってもらえそうにありません。
　そこで、筆者は『サイコロ』を作って、中学生に遊んでもらおうと考えました。それは、高校入試問題で『5－8＝』のように、負の数が答えとなる問題があり、『引けません』という解答を発見したからです。この課題を解決したい思いがありました。約50年間に及ぶ課題でした。

現在のサイコロは目が１２３４５６ですが、−2 −1 0 1 2 NC とします。NC は再度サイコロを振るという意味です。

§0-2　数の種類と数直線の発明

★始めは基数と序数

　単に『数値』といっても、数量を表す数値（基数）と順序を表す数値（序数）の２種類の数値があります。

　基数は zero one two three four……ですが、序数は first second third fourth……となって、zero に相当するものがありません。強いて言えば base ground 0th となってしまいます。

　明確な約束や定義がなければ、今までの概念と違和感のない範囲で数値を定義・解説しなければなりません。しかしそれは不可能だと思いました。

★０と負の数を追加

　前項の『１２３４５６の目サイコロ』は基数を意識していますが、筆者は『−2 −1 0 1 2 の目サイコロ』としました。つまり、『整数目のサイコロ』です。頭ではなく、からだに直接覚えこませようとしました。

★小学生に整数の意味を説明できますか？

　次の遊びで数直線を思いつきませんか？

『０』と『１』と『−1』は説明なしとしてサイコロで遊んでもらいます。

　０に１を加え続けると、どこまでも数が大きくなります。

第0章　数値の発明

　0から1を引き続けると、どこまでも数が小さくなります。
【注目👀】0 1 −1の説明は『すごろく遊び』で、からだで理解してもらえると思います。

§0-3　負の数の発明

『足し算の表』ができると、これを抽象化して数式で表すことができます。

$$a+b = c$$

さらに、$c = 0$の時には、次式が成立します。

$$a+b = 0$$

　実際には、このような数はあり得ないのです。そこで、負の数を発明します。

【負の数の発明】

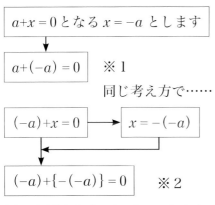

※1と※2から$-(-a) = a$となります。

【注目👀】『負の数は世の中で役に立つ発明なのでしょうか？』と質問されたら、『電気工学のキルヒホッフの法則で使います』と答えます。電気工学ではこのほかに『繁分数』や『三角関数』や『微分積分学』も使います。

§0-4　整数値サイコロ発明のきっかけ

【ほんもののサイコロ】

　統計の話では6面サイコロが現れます。何回もサイコロを振ると、目の出る回数は、公平に同じに近い回数で表れます。例えば6000回振れば、どの目も出る回数が1000回前後になるという現象です。

☆それではと、実際に相当多くサイコロを振り実験しました。ある時、手近にあったサイコロの目の出方で、一つ目が出る回数が他の目の半分の時がありました。

『いかさまサイコロ』というのだそうです。

　その後、コンピューターで乱数を発生できることが分かり安心しました。

【新しいサイコロ】

　ところが、サイコロの目を使うデータでは、使った時に最も回数の多いのは原点より右寄りの位置になりますから、数学的な修正が必要です。

　それなら、最も多い回数が0になるようなサイコロを発明すればいいと考えるようになりました。したがって立方体の1面をNC（ノーカウント）とし、残り5面に–2から2までを割り

当てました。

【整数値すごろく】

　これら2つの修正の後に、『仮想のすごろく』のアイデアが出来上がりました。この本では『整数値サイコロを5回振って目の合計』を求めて、グラフにしました。統計で使われる『正規分布』が現れてきました。統計学を学ぶときの基本となる多数のデータが作成できそうです。

第1章　社会で役立つ教養数学

§1-1　数学は発明の宝庫

　数学における発見や発明は一つの流れの中に整然と収まっているものではありません。したがって、数学発展の歴史は『もっともらしい へ理屈でつないでいく』しかありません。流れは何通りかできることでしょうが、無理のないものにしたい気持ちはあります。筆者独自の『数学発展の歴史』です。

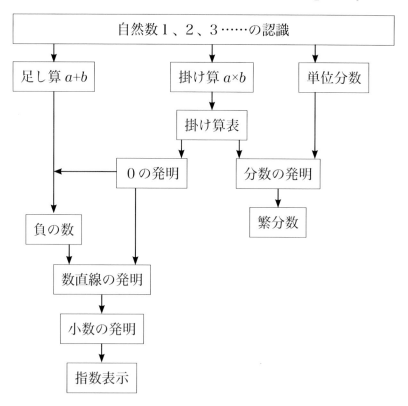

第1章 社会で役立つ教養数学

§1-2 負の数のサイコロ

★負の数の定義
　検索して『0より小さい数を負の数という』という説明をみつけました。しかしこれでは、さらに0の説明をしなくてはならなくなります。ところが探してみても、どこにも正確な『0の定義』がありません。

★定義をしなくても『0』の存在を児童生徒に納得してもらうにはどうすればよいか？　と考えることにしました。思いついたのは『すごろく』です。
　サイコロの目を変更すればよいのです。すごろくで使う地図はいりません。

★新サイコロの発明
　現サイコロ『123456』→新サイコロ『-2 -1 0 1 2 NC』NCはノーカウントとして、再度サイコロを振る約束でもよいでしょう。

★新すごろくの発明
　目が1なら1つ前進、目が-1なら1つ後退、目が0ならそのまま、という規則にします。この遊びをすれば0や負の数の意味はからだで納得することができます。『前進・停止・後退』は『1 0 -1』となります。

15

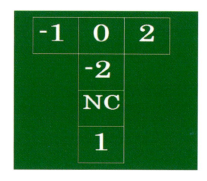

§1-3　コンピューター式すごろくゲーム

　サイコロがどの位置にいるかを示す表です。最初の位置は0です。

　コンピューターを使って、『−2 −1 0 1 2』の目が出る仮想のサイコロを作りました。そして、1000回サイコロを振ります。
　するとサイコロの目の出方は均一の回数になっています。

　『−2』の目が211回出たことを意味します。他の目も近い数値

です。

　右上の『23』はサイコロの右側の最遠の座標、中間の『8』は最終の座標、『−52』は左側の最遠の座標です。

【注目👀】コンピューターを使いますから、サイコロを振る回数が100万回でも可能です。実物のすごろくゲームは規則が簡単ですから小学校低学年からでも遊ぶことができます。コンピューター式すごろくゲームは高校生の教材になるでしょう。

§1-4　仮想すごろく

　高校生向けにコンピューターで仮想すごろくをつくりました。

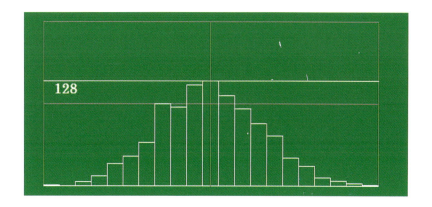

　前項の、目が『−2 −1 0 1 2』の仮想のサイコロにします。
　箱を21個用意し、名前を付けます。
　箱−10　箱−9……箱0……箱9　箱10
　サイコロを5回振って目の和を求めます。最小は−10、最大は10です。

和が0ならば、箱0の回数を1増やします。これが1セットです。

　これを1000セット繰り返してから箱の記録を書きだします。

　前ページの図は、この仮想サイコロの実験をディスプレイ上に表示したものです。この場合は、0は128回でした。

【注目👀】サイコロを5回振って目の総数が0になる確率は（128セット/1000セット）で12.8%です。そして、同じ操作を繰り返せば確率は変化します。

§1-5　あり得ない確率

　前項では1000セットでしたが、1000回セットを1万回繰り返したときの確率のグラフを重ねました。サイコロは$5 \times 1000 \times 10000 = 5 \times 10^7$回振ったことになります。

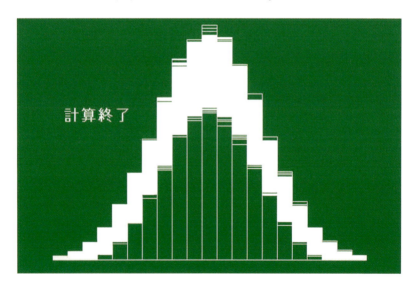

第 1 章　社会で役立つ教養数学

【注目 👀】サイコロの目の和が0になる確率には上限と下限があります。あり得ない確率が存在するということです。

【問】次はコンピューターがなければ不可能な問題です。

前項ではサイコロの目の総和が0となる確率は12.8％でした。

さらにセットを増やすと0となる確率の上限と下限が予想できます。

【注目 👀】この次の統計の学習として、『標準偏差』があります。

§1-6　数の認識

【十進数】

　Aさんが遠くにいるBさんに『ここに人が5人います』と伝えるにはどうするかを考えます。簡単に伝える道具を使うなら、石ころ5個で示せばいいわけです。そして50人にもなれば大きな石5個で代用すれば良いでしょう。しかし、500人になれば……と考えれば、石で代用するのは無理になってきます。

【十進法の足し算】

　現在は、0から9までの数を表す文字を使い、十進法で巨大な整数までも表すことができます。もし、算数・数学が分からない人に『足し算』を教えることになったら次の表を使えばよ

19

いと思います。

　暗記が苦手でも足し算ができます。不透明な紙で隠して答える練習をすればよいのです。

	1	2	3	4	5	6	7	8	9	10
1	2	3	4	5	6	7	8	9	10	11
2	3	4	5	6	7	8	9	10	11	12
3	4	5	6	7	8	9	10	11	12	13
4	5	6	7	8	9	10	11	12	13	14
5	6	7	8	9	10	11	12	13	14	15
6	7	8	9	10	11	12	13	14	15	16
7	8	9	10	11	12	13	14	15	16	17
8	9	10	11	12	13	14	15	16	17	18
9	10	11	12	13	14	15	16	17	18	19
10	11	12	13	14	15	16	17	18	19	20

§1-7　掛け算

【小学生の九九】

　小学生の時、級友がノートに印刷された九九の表を見せ、9の行と9の列の交点に81があることを示し、得意そうに線を引いてくれました。

　他にも、2×2 = 4, 3×3 = 9, 4×4 = 16, 5×5 = 25, 6×6 = 36, 7×7 = 49, 8×8 = 64等にも線をひきました。合計8カ所です。法則を発見したのです。

第1章　社会で役立つ教養数学

　さらに、インド式算数では9×9ではなく20×20まで記憶させると聞きましたが、掛け算の表があれば記憶する苦労はいりません。鉛筆で隠して練習もできます。

【注目66】掛け算二十二十の表

1	2	3	4	5	6	7	8	9	10	11	12	13	14	15	16	17	18	19	20
2	4	6	8	10	12	14	16	18	20	22	24	26	28	30	32	34	36	38	40
3	6	9	12	15	18	21	24	27	30	33	36	39	42	45	48	51	54	57	60
4	8	12	16	20	24	28	32	36	40	44	48	52	56	60	64	68	72	76	80
5	10	15	20	25	30	35	40	45	50	55	60	65	70	75	80	85	90	95	100
6	12	18	24	30	36	42	48	54	60	66	72	78	84	90	96	102	108	114	120
7	14	21	28	35	42	49	56	63	70	77	84	91	98	105	112	119	126	133	140
8	16	24	32	40	48	56	64	72	80	88	96	104	112	120	128	136	144	152	160
9	18	27	36	45	54	63	72	81	90	99	108	117	126	135	144	153	162	171	180
10	20	30	40	50	60	70	80	90	100	110	120	130	140	150	160	170	180	190	200
11	22	33	44	55	66	77	88	99	110	121	132	143	154	165	176	187	198	209	220
12	24	36	48	60	72	84	96	108	120	132	144	156	168	180	192	204	216	228	240
13	26	39	52	65	78	91	104	117	130	143	156	169	182	195	208	221	234	247	260
14	28	42	56	70	84	98	112	126	140	154	168	182	196	210	224	238	252	266	280
15	30	45	60	75	90	105	120	135	150	165	180	195	210	225	240	255	270	285	300
16	32	48	64	80	96	112	128	144	160	176	192	208	224	240	256	272	288	304	320
17	34	51	68	85	102	119	136	153	170	187	204	221	238	255	272	289	306	323	340
18	36	54	72	90	108	126	144	162	180	198	216	234	252	270	288	306	324	342	360
19	38	57	76	95	114	133	152	171	190	209	228	247	266	285	304	323	342	361	380
20	40	60	80	100	120	140	160	180	200	220	240	260	280	300	320	340	360	380	400

§1-8　十進法の九の段で起こる不思議なこと

　仏教の本に九の段の九九で不思議なことがあると書かれてい

ます。

　古代に、僧侶が先生になり子弟を教育している場面を考えます。

　掛け算の『九の段』の学習です。

9×	1	=	9		9	9
9×	2	=	18	1	8	9
9×	3	=	27	2	7	9
9×	4	=	36	3	6	9
9×	5	=	45	4	5	9
9×	6	=	54	5	4	9
9×	7	=	63	6	3	9
9×	8	=	72	7	2	9
9×	9	=	81	8	1	9

どうしよう？

【注目👀】　$9 \times 2 = 18$これを10の位1と1の位8に分離すると、和は9です。

　これ以下の掛け算でも成立しますが、9×1にはあてはまりません。□ができてしまうのです。

　1から9までの数値を平等に扱うために、ないものを表示する数値が必要です。

　つまり、『□＋9＝□』となる□という数値があれば、悩まなくて済みます。

　そこで『ない数値』を『0』とします。仏教の一つの教義の完成です。

第1章　社会で役立つ教養数学

【注目👀】『仏教の平等の精神』が『０の発明』と考えると納得できます。

§1-9　０がないと仏教の教義が完成しない

前項の『§1-8　十進法の九の段で起こる不思議なこと』は次の一行で理解できます。

$$9 \times n = 10(n-1) + (10-n) \rightarrow (n-1) + (10-n) = 9 \text{ ただし } 9 \geqq n$$

インド仏教では、９で始まり９で終わる不変な現象に宇宙の深遠さを感じたと思いますが、十進法の発明が不変な現象の原因だったということです。

★k進法でも起こる

そうなると、k進法では同様なことが言えるかどうかが気になります。

$$(k-1) \times n = k(n-1) + (k-n) \rightarrow (n-1) + (k-n) = k-1$$
$$\text{ただし } k \geqq n$$

これは、k進法のk−1段の掛け算において n に関係なく成り立つことなのです。

★０を表に記入しないと仏教の教義が完成しない

十進法の九の段で注目したいことは、不可解な存在にさえ思える０を現実の数として表示することにしたことです。つまり『０の発見』というより『０の発明』です。

23

【注目 66】負の数や0を含む数直線を使うと、人間の考える数は必ずその線上に記載できることになります。

これは、虚数単位 i についても言えることだと思います。i は曖昧な存在ですが、規則の下で使いこなすと大変便利なものです。

§1-10　0で存在しないことを明示する

川を渡る狼と羊とキャベツは頻繁に出される問題です。

答えが分かっても解説が難しい問題です。狼と羊とキャベツの絵はもういりません。

ある川岸から対岸へ小舟で狼と羊とキャベツを渡らせたい。条件があります。

①人とどれか一つしか運べない。

②狼と羊だけにできない。

③羊とキャベツだけにできない。

どのように運べばよいでしょうか？

解答例　存在を1　不在を0とします。

【開始】ある川岸　人1/狼1/羊1/キャベツ1

　　　　対岸　人0/狼0/羊0/キャベツ0

【目標】ある川岸　人0/狼0/羊0/キャベツ0

　　　　対岸　人1/狼1/羊1/キャベツ1

| | 川岸 | | | | 対岸 | | |
人	狼	羊	キャベツ	人	狼	羊	キャベツ
1	1	1	1	0	0	0	0
0	1	0	1	1	0	1	0
1	1	0	1	0	0	1	0
0	1	0	0	1	0	1	1
1	1	1	0	0	0	0	1
0	0	1	0	1	1	0	1
1	0	1	0	0	1	0	1
0	0	0	0	1	1	1	1

- 羊移動
- 人戻り
- キャベツ移動
- 羊戻り
- 狼移動
- 人戻り
- 羊移動

§1-11 掛け算から分数の発明

　もし、誰も分数のアイデアを持たなかったら、その時の世界の常識をひっくり返さない限り、【分数を定義】することは許されると思います。上位互換と言えます。

　『2に掛けると答えが3になる数はないのでしょうか？』という学生の質問に対して『ありませんね！』とか『ないから、あなたが発明したらどうですか？』とか教員の応じ方で学生の世界観は大きく変化します。

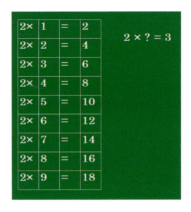

分数の定義、b/a を一つの数値として扱います。

$$a \times x = b \rightarrow x = \frac{b}{a}$$

§1-12　繁分数への進化

【注目👀】筆者のこれまでの経験で、学校でも実社会の中でも『繁分数』を使うことはほとんどありませんでした。数学や物理学の計算を工夫した結果として、2011年発行の拙著『理系教科書補助教材』の中で繁分数を使う計算例を示すことができました。繁分数の活用は『キルヒホッフの法則の解説』を考察中に気づきました。

★分数の定義から
　前項の分数の定義を使うと、分数の世界が広がります。

第1章　社会で役立つ教養数学

$$\frac{1}{2} \times \frac{\frac{3}{4}}{\frac{1}{2}} = \frac{3}{4}$$

★分数は古くから使われていますが、繁分数は名称はあっても
ほとんど使われていません。それは『分数の定義』を明確にし
なかったために、使うことをためらったからと考えます。筆者
も、こんな分数を書いたら×にされると弱気に考えていまし
た。

★筆者が繁分数をぜひ使いたいと思ったのは『キルヒホッフの
法則』を使うときです。

　繁分数を使うのと使わないのとでは電気工学の理解に大きな
差ができることがわかりました。キルヒホッフの法則は江戸時
代末期～明治初期のドイツ生まれの法則です。

§1-13　無意識に避けられてきた繁分数

　中学校の理科の電気のところで、並列接続の合成抵抗値の計
算を学びます。

$$\frac{1}{R} = \frac{1}{R_1} + \frac{1}{R_2}$$

　この計算は結構面倒でした。繁分数を使うと単純な計算にな
ります。

27

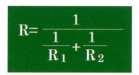

　この式は、見たこともない分数なので、無意識に避けてきたようです。
　しかし、もともと『分数の定義が不明確』なのですから、『分数を定義』してから始めるのが数学です。
【注目👀】今まで構築してきた数学を破壊するとなると認めたくありませんが、悪影響がないならば『新たな定義』を加えればよいと思います。
【注目👀】かつての高校生や大学生を『あっ』と言わせてみせましょう。

§1-14　負の数値になる電流

　電気工学においても『負の数』は活躍します。キルヒホッフの法則です。

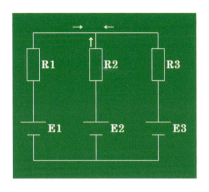

　ある閉回路で、ある点への電流は、流入が3［A］と5［A］で流出が8［A］とします。流入電流を＋とし流出電流を－とすると和が0となります。この例では、

$$(+3)+(+5)+(-8) = 0$$

　キルヒホッフの法則は、流入や流出する電流をI_1、I_2、I_3とすると、次の式が成立するという法則です。

$$I_1+I_2+I_3 = 0 \quad つまり（代数和）= 0$$

　ところが、高等学校の物理学の教科書や電気工学の本を見ると、$I_1+I_2 = I_3$もあります。つまり、$I_1+I_2-I_3 = 0$です。この時は計算前に解答者が電流の向きを決めていることになります。その結果、面倒な連立方程式を解くことになります。つまり、『負の数』の威力を理解できていないのです。

§1-15　キルヒホッフの法則の計算例

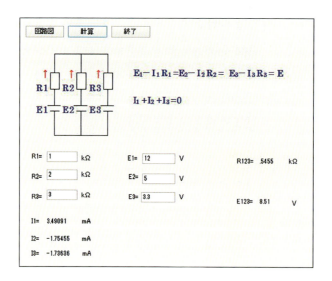

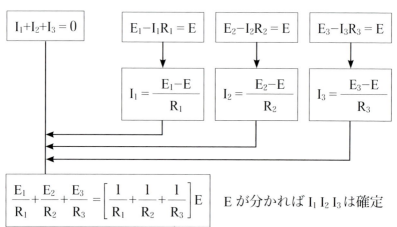

E が分かれば I_1 I_2 I_3 は確定

【注目👀】負の数を上手に使うとキルヒホッフの法則は中学校レベルの問題になります。

§1-16　数直線から直交座標への発展

　数直線の発明者は不明です。しかし、平面座標系を発明したのはデカルトと学校で教わりました。が、違うという話もでています。平面座標系の前に数直線があると考えるのが自然ですが、いつ頃の発明なのでしょう。

【注目👀】コンピューターで曲線の作図をします。

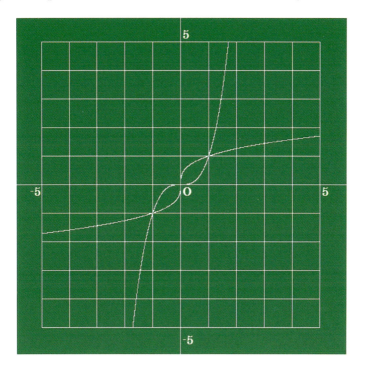

【注目👀】$y = x^3$ と $x = y^3$ のグラフです。

【注目👀】コンピューターでの作図は『教養数学』になると考えます。

第2章 教養の数学の威力

§2-0 数学学習の目的

教科書には『あなたが学ぶ目的はなに？』という問いかけがありません。

★あなたの場合はどちらでしょうか？

数学の学習目標は『難しくて得点差を明確にできる選抜試験に挑戦し、高収入の役職に就く』を人生の方針とする。	数学の学習目標は『数式で表される現象を理解し世の中を生き抜く』を人生の方針とする。

★『学問のすすめ』と『時は金なり』の共通点

『勉強して富める人になるために何をしたらよいか？』を考えてみると、『無駄な勉強をしない』で『発明・発見をする勉強をする』と言えそうです。

★数学の学習目標はどこに？

大学入試向けの問題の方針は『難問の解法を学び、新しい難問を解く』というものでした。しかし数学者になることを希望しない高校生・大学生の割合の方が大きいのです。つまり、『大学入試問題は必要以上に意図的に難しくされている』ので

す。『発明・発見のできる数学』ではないのです。『どんな方針で学習しましょうか？』と問われたときの解答を考えてみます。

§2-1　教養の数学の中心はどこか？

　今までの学校での数学とどの点で異なるか明確にしましょう。『分数と三角関数を使う』と『数学の計算は楽にできる』ようになります。教養の数学の中心は分数と思います。

　★比例から比例配分までの一連の流れ
　　繁分数を使った比例計算
　★分数（なかでも繁分数）を使うと計算が楽にできる
　　連立方程式の解法　遺産ラクダの配分
　★三角関数を使うと計算が楽にできる
　　ヘロンの公式　Microsoft 社の入社試験問題
　★比例を分数に変えると計算が楽にできる
　　比例計算問題　食塩水の濃度
　★分数を使うと単位の変換が楽にできる
　　度数法と弧度法
　★分数を使う数値積分の基礎
　　円を表す微分方程式（『丸で歯が立たない円の秘密』参照）
　★存在を表す０と１
　　狼と羊とキャベツ
　★巨大な数値と微小な数値
　　指数を使う数値表現

§2-2　三角関数の便利さ

Microsoft社の過去の入社試験問題です。

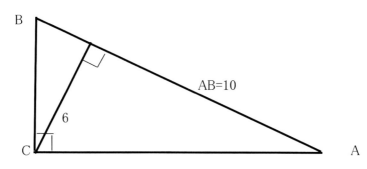

　　問　外側の三角形の面積をもとめよ。答　不可能

【解答例】

> 図中の名前のない交点をPとし、∠BAC = θ とする。
> すると、相似三角形だから∠BCP = θ となる。
> $\sin\theta = 6/AC$ と $6/BC = \cos\theta$ と $AC\cos\theta + BC\sin\theta = 10$ から
> $$\frac{\cos\theta}{\sin\theta} + \frac{\sin\theta}{\cos\theta} = \frac{10}{6}$$
> しかし、左辺は ≧ 2 なのでこの θ は存在しない。
>
> 故に、この三角形はありえない。

次の式はよく知られています。
　$a > 0$　$b > 0$ の時 $a+b \geq 2\sqrt{ab}$
『このような三角形が存在しないことを証明せよ』となれば高校生程度の問題になります。次項のように三角関数を使うと問題の本質がみえます。

§2-3 三角関数を使う問題

> 問　直角三角形 ABC の点 A、B、C は中心を O とする単位円周上の点です。
> ∠APC ＝ ∠R で ∠BAC ＝ θ ［rad］とするとき、OP と CP はいくらですか？

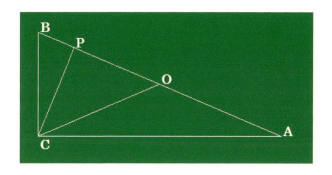

答　OP ＝ cos 2θ　CP ＝ sin 2θ

【注目👀】もし、AB ＝ 10 ならば CP ＝ 5 sin 2θ で 5 を超える値にはなりませんから 6 になることはありません。三角形はできないのです。高等学校の教科書の練習問題程度の難易度です。数学問題の本質を外した感心できない問題と思います。

【注目👀】この図は θ ＝ π/8 の時の図です。θ の値を変更すると、三角形の形状を変更することができます。

【筆者の感想】θ の値を変更して、題意の図を作成するのは大変な作業量です。

　Microsoft 社の入社問題とするなら、『この課題ができた方の入社を認めます』という解答を募集すればよかったと思います。

§2-4　比例・分数・加比の理・比例配分

『比例』の理解度は個人の学習経験で異なります。比例から比例配分に至る一連の論理は『教養の数学』の範囲と思います。この一連の流れを示した教科書はありません。筆者は高校生の時に、『加比の理』まできましたが、『比例配分』に気づいたのは、高等学校の教員になったときです。数学が得意になるか不得意になるかの分岐点は『分数』と考えます。

【注目👀】比例式を分数にかえてから、加比の理や比例配分へ進みます。

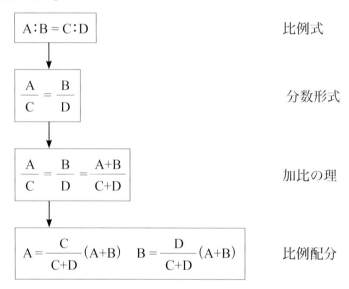

§2-5 遺産のラクダの比例配分

> 問　遺産のラクダ7頭を3兄弟で分配します。長男の半分を二男の分とし、二男の半分を三男の分とせよという遺言でした。どのように分配しますか？

【解説】数値だけで考えます。ラクダの数をそれぞれ x, y, z とします。

$$\frac{x}{\frac{1}{2}} = \frac{y}{\frac{1}{4}} = \frac{z}{\frac{1}{8}} = \frac{x+y+z}{\frac{7}{8}} = \frac{7}{\frac{7}{8}} = 8 \quad\longrightarrow\quad \frac{x}{\frac{1}{2}} = \frac{y}{\frac{1}{4}} = \frac{z}{\frac{1}{8}} = 8$$

【誰かが1頭貸してくれたとして……】

$$\frac{x}{\frac{1}{2}} = \frac{y}{\frac{1}{4}} = \frac{z}{\frac{1}{8}} = \frac{w}{\frac{1}{8}} = \frac{x+y+z+w}{1} = 8$$

7頭を分配するのは無理ですが、1頭を追加すると上手く分配できます。しかも1頭残ります。

【注目👀】総数7を1/2, 1/4, 1/8に分ける問題ですが、加比の理を使えば簡単です。知らなくても総数が8ならば簡単に4＋2＋1＝7となり1余ることになります。

【注目👀】比例配分と繁分数を使うと、明解な解答ができます。

§2-6　帰一法を使う比例計算

> a[g]でb[円]なら、c[g]では 何[円]か？
>
> 1[g]当たりでは $\dfrac{b}{a}$ [円]
>
> c[g]では $\dfrac{bc}{a}$ [円]

【注目👀】遠山啓氏による『帰一法』です。

★筆者は、これから『分数を使う比例計算』を思いつきました。

　この変換図は筆者の発明です。

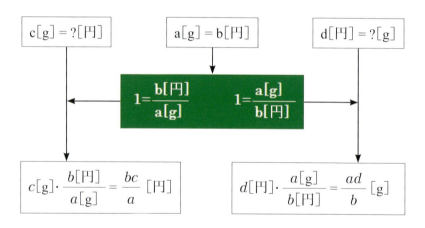

☆分数にすると、単位を含んだ計算が分かりやすくなります。

　これは、次項の『角度の変換』を行うと納得できます。内容の意味が不明でも、単位の変換ができます。

§2-7　分数を使う比例計算

【高校での単位変換】

> 問　180［°］でπ［rad］ならφ［°］は何［rad］か。θ［rad］は何［°］か。

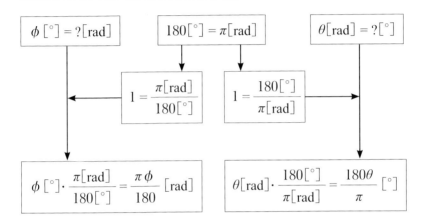

【注目👀】　$\phi = 90$ ならば $\pi/2$［rad］と暗算でできます。
　高校数学教科書の中では、この『単純な変換の解説が長い』のです。

【注目👀】『分数を使って比例計算をする』は筆者の発明です。一般に使用されている計算方法ではありませんから、試験では×になるかもしれません。しかし、計算速度は最速ですから将来は『正式な分数計算』として認められると予想しています。

§2-8　比例式と分数の関係

【注目👀】通常は比例式から（内項の積）＝（外項の積）と進みますが、分数に変えると数の理解がひろがります。

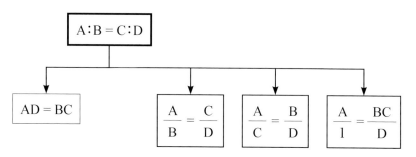

> 【注目👀】斜め方向にある分子と分母を交換しても等号が成立

【注目👀】公式通りに素直に式を書くと、問題は易しくなります。

問　全体の20［％］が30人です。全体は何人ですか？

$$\frac{20}{100} = \frac{30}{x}$$

※割合の公式通りの方程式です。

$$\frac{x}{100} = \frac{30}{20}$$

斜めの分子分母を入れ替えても等号成立

【注目👀】学校数学と教養数学との違いを感じる例です。

§2-9　連立方程式の解法

繁分数を使うことをためらわなければ、意外と簡単に解けます。

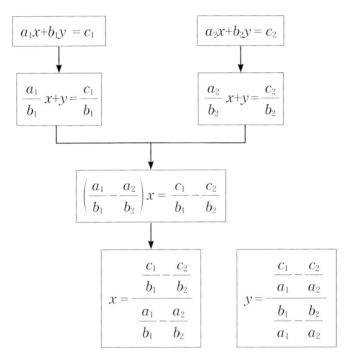

【注目66】この解法で、小学生でも楽に連立方程式を解くことができます。

§2-10　連立方程式を表計算で解く

$$\begin{cases} -\dfrac{4}{3}x - \dfrac{3}{2}y = 3 \qquad \boxed{a_1x + b_1y = c_1} \\[2em] \dfrac{1}{6}x - \dfrac{1}{3}y = -\dfrac{7}{2} \qquad \boxed{a_2x + b_2y = c_2} \end{cases}$$

| 方程式 1 | −1.33333 | −1.5 | 3 |
| 方程式 2 | 0.166667 | −0.33333 | −3.5 |

| x 分子 | −12.5 | $c_1/b_1 - c_2/b_2$ |
| x 分母 | 1.388889 | $a_1/b_1 - a_2/b_2$ |

| $x =$ | −9 | $(c_1/b_1 - c_2/b_2)/(a_1/b_1 - a_2/b_2)$ |

| y 分子 | 18.75 | $c_1/a_1 - c_2/a_2$ |
| y 分母 | 3.125 | $b_1/a_1 - b_2/a_2$ |

| $y =$ | 6 | $(c_1/a_1 - c_2/a_2)/(b_1/a_1 - b_2/a_2)$ |

【注目👀】分母が3の分数を使っても、答えが整数になっています。計算練習用の問題といえます。現実の問題はコンピューターを使って解きます。

42

§2-11　相似図形

【注目👀】繁分数を使うと、相似図形は計算しやすくなります。

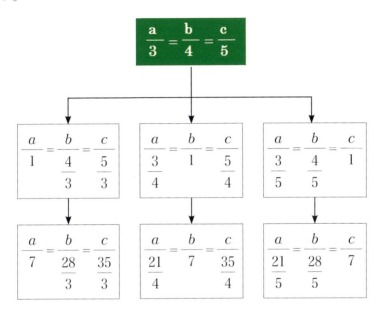

【注目👀】作図の中で考えると、いちいち比例計算で線分の長さを求めるのは効率が悪いのです。帰一法なら簡単に計算できます。高校の入試問題を解くときに使えるようにしておくと便利です。

§2-12　三角形の三辺の長さから形を決める

三角形の3辺の長さを a, b, c とします。この三角形を描くプログラム・コードを考察します。

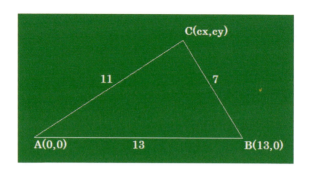

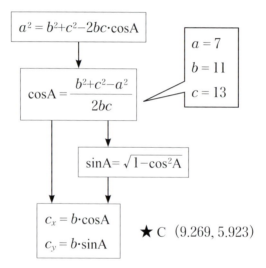

§2-13　割合の解説に加比の理を使う解説

『割合』を間違って理解すると学びなおしをするようになります。

　基本を理解するために、次の問題を考察します。

第2章　教養の数学の威力

> 問　書類を整理すると全部で150枚あり、A4判が75枚、B5判が60枚、B6判が15枚でした。
>
> ① A4判の割合はいくらですか？
>
> ② B5判の割合は何割何分ですか？
>
> ③ B6判の割合は何パーセントですか？

『割合』の表現でよく使われるのは上の3通りです。

A4、B5、B6のそれぞれの割合を a, b, c とします。

$$\frac{a}{75} = \frac{b}{60} = \frac{c}{15} = \frac{a+b+c}{150}$$

単に『割合』というときは、全体を1とした表現です。『割分』は全体を10とし『パーセント』は全体を100とします。

$$\frac{a}{75} = \frac{1}{150} \qquad \frac{b}{60} = \frac{10}{150} \qquad \frac{c}{15} = \frac{100}{150}$$

$$a = 0.5 \qquad\qquad b = 4\,割 \qquad\qquad c = 10\,パーセント$$

§2-14　百分率

割合では必ず小数点がつきますから、実生活では不便です。そこで、全体を100とした割合を考えます。百分率（％）です。

ある集合を集合全体と比較して考えるときに、集合全体を100として考えます。

45

前項の例ならば、

$$\frac{部分\,15}{全体\,150} = \frac{M\,[\%]}{100\,[\%]} \quad \cdots\cdots \rightarrow M = 10$$

パーセントを使う問題として、食塩水の濃度の問題があります。

『部分』とは食塩で、『全体』は食塩水のことになります。

$$\frac{濃度\,（\%）}{100} = \frac{食塩}{食塩水} = \frac{食塩}{水＋食塩}$$

§2-15　％から割・分・厘への変換

割合を表す単位には別の表し方もあります。

$$\frac{集合の一部}{集合全体} = 1 \quad この時は\,10\,[割]$$

$$10\,[割] = 100\,[\%]$$

さらに、

$$1\,[割] = 10\,[\%]$$

$$1\,[分] = 1\,[\%]$$

$$1\,[厘] = 0.1\,[\%]$$

$$問 \quad 42.3\,[\%] = ?\,[割]\ ?\,[分]\ ?\,[厘]$$

第 2 章　教養の数学の威力

$$42.3[\%] \cdot \frac{1[\text{割}]}{10[\%]} = 4[\text{割}] + 2.3[\%] \cdot \frac{1[\text{分}]}{1[\%]}$$

$$= 4[\text{割}] + 2[\text{分}] + 0.3[\%] \cdot \frac{1[\text{厘}]}{0.1[\%]}$$

$$= 4\,\text{割}\,2\,\text{分}\,3\,\text{厘}$$

§2-16　食塩水の濃度問題

問　x［％］の食塩水 a［g］と、y［％］の食塩水 b［g］と、z［％］の食塩水 c［g］を混合すると、何［％］の食塩水になりますか？

　混合後に食塩水は $a+b+c$［g］になりますが、この濃度を p［％］とします。

　食塩の量は変化しませんから、

$$\frac{\text{p}}{100}(a+b+c) = \frac{ax}{100} + \frac{by}{100} + \frac{cz}{100}$$

★この問題の難しいところは、解答者自身が食塩濃度を表す文字を p と決めなくてはならないことです。その後、方程式を解くことになります。

$$(\text{濃度}) = \left[\frac{ax}{100} + \frac{by}{100} + \frac{cz}{100}\right] \cdot \frac{100}{a+b+c} = \frac{ax+by+cz}{a+b+c}$$

47

★繁分数を知っていて使うと一気に解けます。

$$（濃度）= \dfrac{\dfrac{x}{100}a + \dfrac{y}{100}b + \dfrac{z}{100}c}{a+b+c} \times 100 = \dfrac{ax+by+cz}{a+b+c}$$

§2-17　食塩水問題

食塩水○［g］の中に食塩が▽［g］あります

　……という前提から始まる問題で、中学生の試験から公務員採用試験まで幅広い人気があります。

$$\dfrac{濃度（\%）}{100} = \dfrac{食塩}{食塩水} = \dfrac{食塩}{水＋食塩}$$

問題　食塩 m［g］と水 M［g］で p%の食塩水を作ります。

$$\dfrac{p}{100} = \dfrac{m}{M+m}$$

$$p = \dfrac{100}{\dfrac{M}{m}+1}$$

$$M = \left(\dfrac{100}{p}-1\right)m$$

$$m = \dfrac{M}{\dfrac{100}{p}-1}$$

48

※繁分数を使うと同じ変数は1回使うだけです。

§2-18　縦型足し算の基礎

小学生が縦型の足し算が不得意な理由は、ノートに枠がないからです。もしあったら枠を使って次のように計算できます。

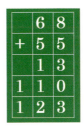

【注目👀】升目付きノートが販売されています。ノートに升目がないなら、交点に穴をあけたテンプレートを用意し、ピンの先端で点を打てばよいのです。

§2-19 ヘロンの公式

　土地の面積を計算するには、土地を三角形で分割し、ヘロンの公式で面積を計算し、合計して総面積を求めます。特に難しい式ではありません。

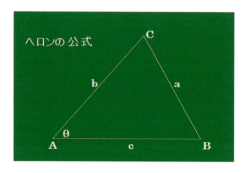

∠CAB = θ　BC = a　CA = b　AB = c　面積を S

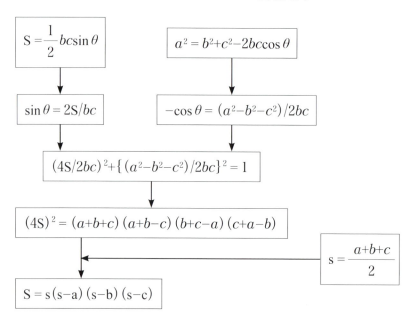

§2-20 大きな数値と小さな数値を指数で表現

大きな数値や小さな数値は指数を使って次のように表します。

$$N \times 10^n \quad ここで、10 > N \geqq 1$$

例

1200	→	1.2×1000	→	1.2×10^3
120	→	1.2×100	→	1.2×10^2
12	→	1.2×10	【注】1.2×10^1 とは書かない	
1.2	→	1.2	【注】1.2×10^0 とは書かない	
0.12	→	$1.2 \div 10$	→	1.2×10^{-1}
0.012	→	$1.2 \div 100$	→	1.2×10^{-2}

化学で使うアボガドロ定数は、6.02×10^{23} です。

【指数表示の違和感】

先頭の数値も重要ですが、10^n の n はさらに重要です。この n を 10 の肩に小さく記述するのは数値の重要性が理解されていない気がしていました。

コンピューターでは『6.02E+23』の指数表示ができます。この書き方なら、記入も間違いが少なくなり、さらに概算が容易になります。

【注目👀】日常生活では使われることは少ないと思いますが、単位の変換で使います。土壇場で慌てないためには、一般常識

として知っておきたいものです。

§2-21　指数計算の法則

次の表示法を採用します。
指数計算例から法則を理解できます。

$100 \times 1000 = 100000$ → $10^2 \times 10^3 = 10^5$
$(1E+2) \times (1E+3) = 1E+5$

$\dfrac{1}{10} = 10^{-1}$　　※このように決めると以下のことが納得できます。

$1000 \times \dfrac{1}{10} = 100$ → $10^3 \times 10^{-1} = 10^2$

$100 \times \dfrac{1}{10} = 10$ → $10^2 \times 10^{-1} = 10^1 = 10$

$100 \times \dfrac{1}{100} = 1$ → $10^2 \times 10^{-2} = 10^0 = 1$

第3章　単位の変換

§3-0　単位の種類・一覧表

　インターネットを検索すると『単位の変換表』が多くありますが、変換の基礎の学習が抜けています。現実的な話題を取り上げました。

【単位の関連】どのように関連するかを解説

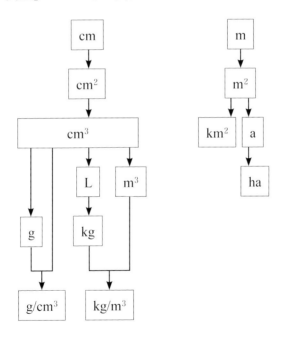

§3-1　分数を使った単位変換

★次の変換が苦も無くできれば、単位の変換のさらなる学習は不要でしょう。

問　42［km］を 2［時間］20［分］で走る速さは単位を［m/秒］とすると？

答

$$(速さ) = \frac{42\,[km]}{2\,[時間]\,20\,[分]}$$

$$= \frac{42\,[km]}{140\,[分]} \cdot \frac{1000\,[m]}{1\,[km]} \cdot \frac{1\,[分]}{60\,[秒]} = 5\,[m/秒]$$

【注目👀】この計算方法は『帰一法』を発展させた、筆者が発明した単位の変換方法です。2011年発行『理系教科書補助教材』に記載しました。この本以前にこの計算方法を使っていた方がいる場合には『筆者が発明した』を削除します。m(＿＿)m

★密度の単位変換　$1[g/cm^3] = 1[t/m^3]$ の解説の例です。

$$1[g/cm^3] = \frac{1[g]}{1[cm^3]} \cdot \frac{1[kg]}{10^3[g]} \cdot \frac{1[t]}{10^3[kg]} \cdot \frac{(10^2[cm])^3}{1[m^3]}$$

$$= 1[t/m^3]$$

【注目👀】この計算方法の名称として『分数を使った単位変換』ではどうでしょうか？

第3章　単位の変換

【注目👀】単位の変換で最も難しいと感じたのは、高等学校の化学での『モル濃度』の計算でした。

【注目👀】どの問題が得意でしょうか？
　現在の仕事に関する変換を知っておくと、他の変換は容易です。
　変換の区分
　時間……小学生泣かせの問題の筆頭でしょう。
　長さ
　容積
　質量
　面積
　大きな面積……［km²］と［ha］の相互変換ができますか？
　体積……身近な 1 ［L］＝ 1000 ［mL］です。
　速度……10 ［m/秒］＝ 36 ［km/時］を記憶するだけでなく変
　　換方法を知って欲しいのです。
　密度
　モル濃度……この問題を解けるのは高校生の何パーセントで
　　しょう。化学の範囲から除かれる傾向を感じています。

┌─────────────────────────────────────┐
│　【単位の換算の計算方法が見つからない！】
│　　インターネットで検索すると、単位換算の Web はあり
│　ますが、気の利いた計算方法は見つけることができませ
│　ん。小中学生に数学の重要性を説いても、計算の指導はし
│　ないというのが現状のようです。
│　　筆者が比例計算の指導で困ったときに、遠山啓氏の『帰
└─────────────────────────────────────┘

55

一法』に関する本を読んで驚きました。今なら教科書に記載されているのでしょうか？

§3-2　日・時間・分・秒への変換

時間は60進法ですから、単位の変換は面倒です。

問　0.01［日］は何秒ですか？

1［日］＝24［時間］なので0.01×24［時間］＝0.24［時間］
1［時間］＝60［分］なので0.24×60［分］＝14.4［分］
1［分］＝60［秒］なので14.4×60［秒］＝864［秒］

簡単にわかる変換方法は次のようになります。

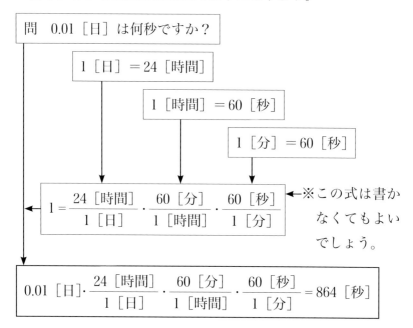

§3-3 時間・分・秒への変換

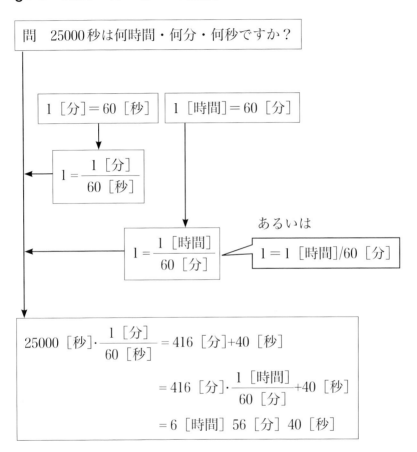

§3-4 時間単位変換プログラム

コンピューターの表計算です。

| 問　25000秒を日・時間・分・秒へ変換 |

25000	416.666667	416	40	秒
416	6.93333333	6	56	分
6	0.25	0	6	時間
			0	日
		確認	25000	秒

A1=25000　　B1=A1/60　　C1=INT(B1)　　D1=A1−C1*60

A2=C1　　　B2=A2/60　　C2=INT(B2)　　D2=A2−C2*60

A3=C2　　　B3=A3/24　　C3=INT(B3)　　D3=A3−C3*24

D5=(((D4*24+D3)*60)*60+D2)*60+D1

【注目 👀】25000秒なので0日となります。

このようにプログラムを作成しておくと便利です。

§3-5 m・cm・mmへの変換

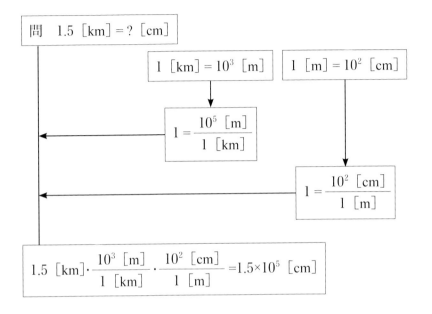

§3-6　L・dL・mL

容積の単位のなかで身近なものです。

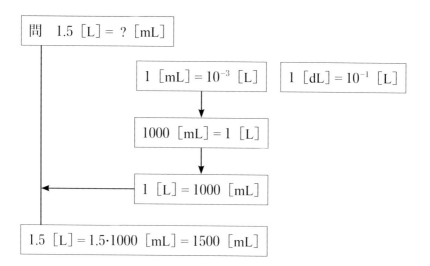

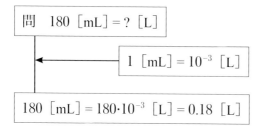

第 3 章　単位の変換

§3-7　g・kg・t

質量の単位には〔kg〕〔g〕〔mg〕〔t〕等があります。

$$1 \,〔kg〕= 10^3 \,〔g〕$$　　　$$1 \,〔t〕= 10^3 \,〔kg〕$$

問　1.5〔kg〕= ?〔g〕　　　　　　$$1 \,〔kg〕= 1000 \,〔g〕$$

$$1 = \frac{1000 \,〔g〕}{1 \,〔kg〕}$$

$$1.5 \,〔kg〕\cdot \frac{1000 \,〔g〕}{1 \,〔kg〕} = 1500 \,〔g〕$$

【注目👀】1 = 1000〔g〕/1〔kg〕を使うと紙面が節約できます。練習問題では、次のような形式が多いようです。解答の記入面積が狭いのです。

問　（　）の中の単位で表してください。　1.5 kg（g）

答　1.5〔kg〕・(1000〔g〕/1〔kg〕) = 1500

61

§3-8 面積

$$1 \ [\mathrm{m}^2] = (100 \ [\mathrm{cm}])^2 = 10000 \ [\mathrm{cm}^2] = 10^4 \ [\mathrm{cm}^2]$$

$$1 \ [\mathrm{km}^2] = (1000 \ [\mathrm{m}])^2 = 1000000 \ [\mathrm{m}^2] = 10^6 \ [\mathrm{m}^2]$$

$$1 \ [\mathrm{ha}] = ? \ [\mathrm{m}^2]$$

$$1 \ [\mathrm{ha}] = 10^2 \ [\mathrm{a}]$$

$$1 \ [\mathrm{a}] = 100 \ [\mathrm{m}^2] = 10^2 \ [\mathrm{m}^2]$$

$$1 \ [\mathrm{ha}] = 10^2 \ [\mathrm{a}] = 10^2 \cdot 10^2 \ [\mathrm{m}^2] = 10^4 \ [\mathrm{m}^2]$$

$$1 \ [\mathrm{km}^2] = ? \ [\mathrm{ha}]$$

$$1 \ [\mathrm{km}^2] = 10^6 \ [\mathrm{m}^2]$$

$$1 \ [\mathrm{ha}] = 10^4 \ [\mathrm{m}^2]$$

$$1 \ [\mathrm{km}^2] \cdot \frac{10^6 \ [\mathrm{m}^2]}{1 \ [\mathrm{km}^2]} \cdot \frac{1 \ [\mathrm{ha}]}{10^4 \ [\mathrm{m}^2]} = 10^2 \ [\mathrm{ha}]$$

§3-9　容積の単位変換

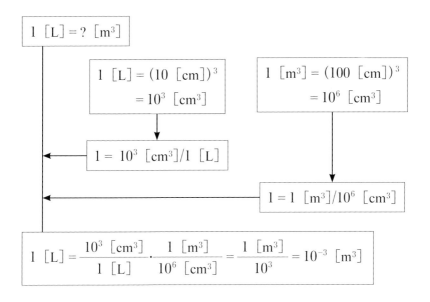

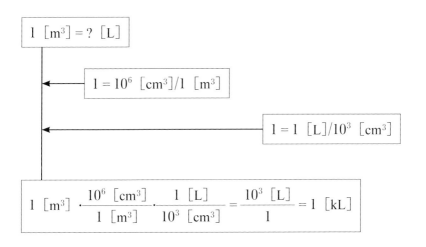

§3-10　時間の繰上がり・下がり計算

計算方法を工夫します。

問１）　９時25分です。50分後の時刻は何時何分ですか？

```
    ９時25分
 ＋　　 50分
――――――――
 （９時75分）
 ∴10時15分
```

問２）　９時25分です。50分前の時刻は何時何分ですか？

```
    ９時25分
 変更１時間→60分
    ８時85分
 －　　 50分
――――――――
 ∴８時35分
```

第3章　単位の変換

§3-11　科学計算と単位の接頭語

科学計算の数値では単位に接頭語を使用します。

☆長さの単位は［m］や［cm］ですが、接頭語が加わります。

k（キロ）は1000倍を意味しますから、

$$1 \ [\text{km}] = 1000 \ [\text{m}] = 10^3 \ [\text{m}]$$

例えば、

$$42.195 \ [\text{km}] = 4.2195 \times 10 \ [\text{km}] = 4.2195 \times 10 \times 10^3 \ [\text{m}]$$
$$= 4.2195 \times 10^4 \ [\text{m}]$$

m（ミリ）は1000分の1を意味しますから、

$$1 \ [\text{m}] = 1000 \times \frac{1}{1000} \ [\text{m}] = 10^3 \ [\text{mm}]$$

【電気で使う接頭語】

かなり多くの接頭語を実際に使っています。

M　k　m　μ　n　p

65

§3-12 長さの変換

アメリカでは feet を使います。高度2万フィート等と言います。

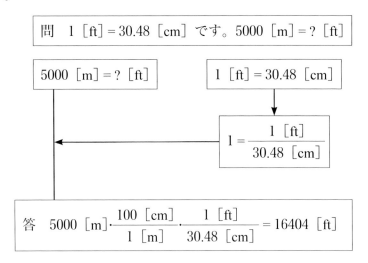

逆の変換もします。

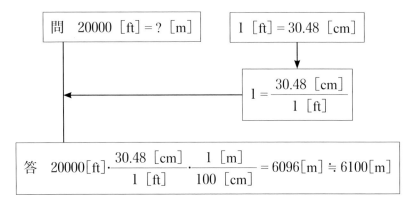

第3章　単位の変換

§3-13　質量

> 問　最初の質量の基準は水でした。
> 水1 [cm³] の質量を1 [g] としました。

現在は厳密な別の決め方がありますが、もちろん過去の基準から大きく離れることはありません。

【注目👀】液体の量り方は容積で1 [L] とか1000 [mL] という言い方をします。

> 水1 [L] は1 [kg]　　　水1 [mL] は1 [g]

【注目👀】イギリスでは、出産時の体重の単位に stone を使います。

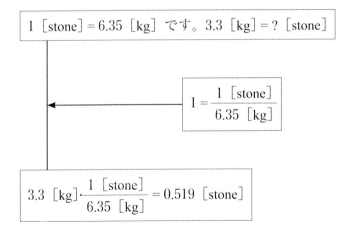

第4章　組立て単位

単位を組み合わせてできる単位もあります。

　速度　密度　抵抗　圧力

公式として、記憶するのに苦労があったと思います。しかし、公式の表示を少し変更するだけで簡単に記憶できます。

§4-0　公式を楽に記憶する法

　例として、距離と時間から新たにできた速度を『速度/1』と表現します。こうすると、公式の変形が楽にできます。

基本形

$速度 = \dfrac{距離}{時間}$	$密度 = \dfrac{質量}{体積}$	$抵抗 = \dfrac{電圧}{電流}$	$圧力 = \dfrac{全圧力}{底面積}$

移動＆交換準備

$\dfrac{速度}{1} = \dfrac{距離}{時間}$	$\dfrac{密度}{1} = \dfrac{質量}{体積}$	$\dfrac{抵抗}{1} = \dfrac{電圧}{電流}$	$\dfrac{圧力}{1} = \dfrac{全圧力}{底面積}$

斜め同士の交換後

$\dfrac{時間}{1} = \dfrac{距離}{速度}$	$\dfrac{体積}{1} = \dfrac{質量}{密度}$	$\dfrac{電流}{1} = \dfrac{電圧}{抵抗}$	$\dfrac{底面積}{1} = \dfrac{全圧力}{圧力}$

第4章　組立て単位

§4-1　抵抗

基本形

$$抵抗 R = \frac{電圧 V}{電流 I}$$

$$[\Omega] = \frac{[V]}{[A]}$$

問　1［kΩ］の抵抗に10［V］の電源をつないだ時に流れる電流は？

$$I = \frac{10 \, [V]}{1 \, [k\Omega]} \cdot \frac{1 \, [k\Omega]}{10^3 \, [\Omega]} = \frac{1 \, [V]}{10^2 \, [\Omega]} = 10^{-2} \, [A]$$
$$= 10 \cdot 10^{-3} \, [A] = 10 \, [mA]$$

【注目👀】公式の記憶として使えそうなのは……。

$$1[mA] \cdot 1[k\Omega] = 1 \times 10^{-3}[A] \times 1 \times 10^3[\Omega] = 1[\Omega A] = 1[V]$$

　1［kΩ］の純抵抗に1［V］の電圧を加えると、1［mA］の電流が流れる……のです。

§4-2　速度

§4-2-1　速度の定義

　速度の定義：速度の単位は［km/時］です。

　中学生の頃は3つとも記憶しませんでしたか？

$$\text{速度}=\frac{\text{距離}}{\text{時間}} \qquad \text{時間}=\frac{\text{距離}}{\text{速度}} \qquad \text{距離}=\text{速度}\times\text{時間}$$

問題　30［km］の道のりは100［km/時］で何［分］かかる？

解　1時間は60分で100［km］走るから、x［分］で30［km］として、

$$60:x=100:30 \quad \text{から} \quad 100x=1800 \quad \therefore x=18$$

別解　前項から次のように解くこともできます。

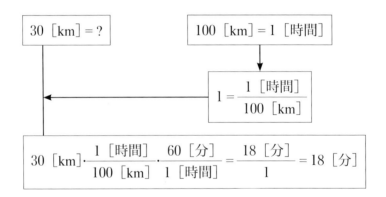

§4-2-2　速度と距離から時間を求める

中学生が速度を使う計算で困るのは、公式の記憶です。次のようにしてから計算します。(*^^)v

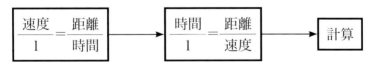

§4-2-3　速度の変換

【注目👀】速度には２つの単位が含まれています。

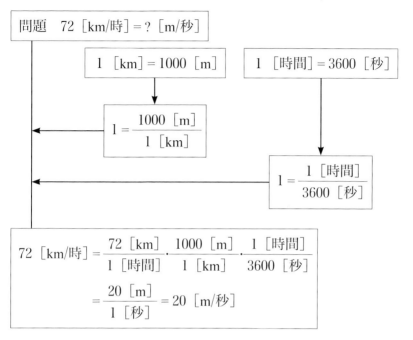

§4-3　密度

§4-3-1　密度の定義

単位体積当たりの物質（固体・液体・気体にかかわらず）の質量を意味しています。単位としては ［g/cm³］［kg/L］［t/m³］等があります。

【重要】古くは、水は１［cm³］で１［g］と決めました。

密度は１［g/cm³］ですが、１［kg/L］ともなり、１［t/m³］ともなります。

$$1\ [t] = 1000\ [kg] = 1000000\ [g] = 10^6\ [g]$$

§4-3-2　密度の基本

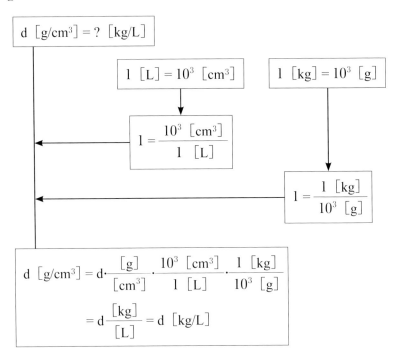

第5章　電気の計算

　現在の生活に電気は欠かせないものですが、危険なものでもあり、取り扱い方を十分承知しておく必要があります。

§5-1　電子工学での単位の接頭語

★抵抗器でよく使われるのは kΩ です。

　M（メグ）：10^6　k（キロ）：10^3

　$10^6 = 10^3 \times 10^3$ なので 1 $[\mathrm{M\Omega}] = 10^3\,[\mathrm{k\Omega}] = 10^6\,[\Omega]$

★電流でよく使われるのは mA です。

　m（ミリ）：$0.001 = 1/1000 = 1/10^3 = 10^{-3}$

　1 $[\mathrm{A}] = 1000 \times (1/1000)[\mathrm{A}] = 10^3\,[\mathrm{mA}]$

★コンデンサーでは μF（マイクロファラド）です。

　指数表示に慣れておくと、計算間違いが少なくなります。

　μ（マイクロ）：$1/1000000 = 1/10^6 = 10^{-6}$

　n（ナノ）：$1/1000000000 = 1/10^9 = 10^{-9}$

　p（ピコ）：$1/1000000000000 = 1/10^{12} = 10^{-12}$

§5-2　電気の単位と変換

§5-2-1　抵抗値

　家庭用の交流を理解するには、中学校の理科で直流を学ぶこ

とから始まります。そこで、『オームの法則』と出会います。

中学では、加える電圧と流れる電流が比例する『純抵抗器』を学びます。そして何 [Ω] の抵抗という言い方をします。

単位に関しては、次の式になります。

$$1\,[\Omega] = \frac{1\,[V]}{1\,[A]}$$

実際には、加える電圧が V [V] で流れる電流が I [A] の時、抵抗値 R [Ω] は、

$$R\,[\Omega] = \frac{V\,[V]}{I\,[A]}$$

といいます。V や I の値で R が変わる素子もあります。

§5-2-2　電子工作での抵抗値

ところが、中学校理科の電気実験では、電池の電圧は [V] ですが電流値は [mA]、抵抗値は [kΩ] が多いでしょう。

$$R\,[k\Omega] = \frac{V\,[V]}{I\,[mA]}$$

となります。

計算だけで理解するのは難しく、実際の実験装置で学ぶことをお勧めします。

抵抗値が910 [Ω] の純抵抗があります。これに、1.62 [V] の電池を接続したら、流れる電流は何 [mA] ですか。

74

純抵抗ではオームの法則が成立すると考えられます。

$$I = \frac{1.62\,[\text{V}]}{910\,[\Omega]} \cdot \frac{10^3\,[\text{mA}\cdot\Omega]}{1\,[\text{V}]} = 1.78\,[\text{mA}]$$

【注目👀】発光ダイオード（LED）は中学生向きの手ごろな電子工作の部品です。しかし純抵抗と違ってオームの法則は成立しません。

ある時、秋葉原の電子部品販売店で、LEDの使い方を書いた掲示物を目にしました。中学校の理科の先生に質問することはないのでしょうか？

---

§5-3　電子工学での計算問題

【中学生の電子工作】

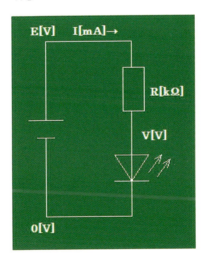

中学校の理科の電気分野で『オームの法則』があります。こ

こで誤った理解をしそうなことがあります。LEDは（電圧/電流）の比は一定ではありません。

1 電池の電圧は10［V］以内が多いのです。流れる電流は1［A］などの巨大電流が使われることはなく、ほとんどのLEDに流れるのは10［mA］前後で、両端の電圧は2［V］前後です。
2 電池電圧が10［V］で、このLEDを10［mA］2［V］で使うためには、直列に接続する電流制限のための抵抗値を計算します。

$$（抵抗値）= \frac{(10-2)\,[V]}{10\,[mA]} = \frac{8\,[mA \cdot k\Omega]}{10\,[mA]}$$
$$= 0.8\,[k\Omega] \cdot \frac{1000\,[\Omega]}{1\,[k\Omega]} = 800\,[\Omega]$$

§5-4 ありえない電気計算

【あり得ない問題】

理科室にこの実験キットはありません。現実離れした問題なのです。電池の無駄使いになるからです。

【ありうる問題】

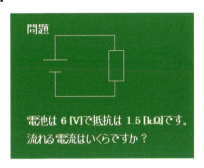

【注目👀】この計算を難しく感じる方は多いことでしょう。電気では単位の扱い方が難しいのですが、理科でも数学で教わる機会はないのです。

§5-5　電気の計算と単位の変換

§5-5-1　実際に使う電流値

　筆者は、真空管・トランジスタ・IC と 3 種類の増幅器用の部品を取り扱いました。
　製品ではなく娯楽の領域の電子工作で使いました。
☆真空管では電圧200［V］程度で電流10［mA］で抵抗は10［kΩ］付近の値でした。
☆トランジスタでは電圧10［V］、電流10［mA］で 1［kΩ］から10［kΩ］あたりの値です。
☆ IC では電圧 5［V］、電流10［mA］で抵抗500［Ω］〜100［kΩ］

値でした。

中学生が電子工作をすると、取り扱う電流値は10〜50［mA］程度です。

理科の教科書の1〜10［A］の範囲で使われる抵抗器は身近にはありません。

理科の授業と実社会との大きな差が現れたと感じています。

§5-5-2　単位の計算ができるようにするために

電卓ができたときに比例計算は簡単になるだろうと考えていましたが、実際には『電卓を手にして途方に暮れる』高校生がいて驚きました。比例計算を知らないのです。

コンピューターを使う技術者が『比例計算の仕方』を知らないとしたら、笑い話ではすまなくなります。『学校での数学はさほど役に立たなかった』ということになるからです。この本で比例計算の基本を知り、他の方に解説できるようになって欲しいと考えます。

§5-6　日本語コンピューター・ソフトウェアに思う

【消されたコンピューター技術】

コンピューター言語の中に日本語で使える『Mind』というソフトウェアがありました。

日本語なら『知力』となるのでしょう。当時は16ビットパソコンで、使える文字数にも数値の範囲にも大きな制限がありました。この時から漢字までも使えるビット数の大きなパソコンを希望していました。最終的には、2013年になって、やっ

と64ビットパソコンで、『二階微分方程式』を解けるまでになりました。30年以上待たされたことになります。

【能力開発】

『日本語プログラミング言語』は漢字を使います。日本のみならず中国でも使用できますから、全世界で使えます。アメリカから日本語コンピューター言語の開発を止めるように求められ、日本政府が受け入れた経緯があります。ここで、方針を転換し、日本語プログラミング言語の再開発をしてはどうでしょうか？

【漢字の発展と中国の発展】

中国が過去に大発展したのは『漢字の普及』があり、日本も大きな影響を受けました。物理学を学習すると『a b c……z』の他に『α β……θ ϕ……』等多彩な文字を使いたいことがあります。8ビットが基本のコンピューターから16ビットや32ビット程度の文字で動くコンピューターがあれば、日本語で科学計算表示が楽にでき、数学や物理学そして電気・電子工学を理解しやすくなります。

☆現在 $\cos(\theta)$ はプログラム・コードとして使えません。$\cos(\text{theta})$ となります。

お わ り に

　大学生や社会人になっても、計算力に不安を感じている方は多いと思います。しかし、大学や社会人の講座に『計算力を高める講座』はないでしょう。

　計算力低下の原因を考えてみましたが、思い当たることがあります。それはいろいろな『入学試験問題』です。難問を解けるようになり、首尾よく入学できたとしても、社会で難しい問題に直面した時に必要なのは『解説力』です。いろいろな資格試験がありますが、教授側に『解説力』が不足すると、学習者側は理解できないのです。

【難問でなくても得点差がつく試験問題】

　難しすぎる試験問題にたいして、次のような記述試験があってもよいと思います。

　問　『土地の面積を計算するときに、ヘロンの公式を使います。この時三角関数を使う証明が一般的です。解説してください。』

　問　『電気の法則の中にキルヒホッフの法則があります。一般的には、連立方程式を立てて計算をします。しかし、簡単な計算方法もあります。解説してください。』

　問　『θ と $\cos\theta$ と $\sin\theta$ が含まれる図を描き、弧度法の解説をしてください。』

　問　『1 ［kL］が 1 ［m³］となる理由を解説してください。ただし、1 ［L］= 1000 ［cm³］です。』

【教養数学の必要性】

　公平な試験で入学試験などを行う場合でも、意味のない難しい試験よりは現実的な試験を行うことを勧めたいのです。その結果として、高校生の学習意欲が高まり、安定した収入を得て社会生活を送るための能力が身につくと思うのです。

深井　文宣（ふかい　ふみのぶ）

1948年 3 月　茨城県日立市生まれ
1963年 3 月　茨城県日立市立駒王中学校卒業
1966年 3 月　茨城県立水戸第一高等学校卒業
1971年 3 月　茨城大学理学部物理学科卒業
同　年 4 月　茨城県立高等学校教諭
1998年 3 月　同　退職
同　年 6 月　有限会社均整クリニックを設立し取締役となる
2019年10月　現在に至る

【主な著書】
2000年『微積分学の大革命』
2009年『能力低下は打撲でおこる』
2011年『理系教科書補助教材』
2013年『抽象化物理学の勧め』
2015年『オイラーの公式は一行で証明できる』
2019年『丸で歯が立たない円の秘密』
2019年『ここまで治せる整体術　知らないあなたは損をする』

このほかに電子本 Amazon Kindle として
『キルヒホッフの法則と実験』
『三角関数』
『もう困らない中学高校の連立一次方程式の解法』

学校数学から教養数学へ

2019年12月15日　初版第1刷発行

著　　　者　深 井 文 宣
発 行 者　中 田 典 昭
発 行 所　東京図書出版
発行発売　株式会社 リフレ出版
　　　　　〒113-0021　東京都文京区本駒込 3-10-4
　　　　　電話 (03)3823-9171　FAX 0120-41-8080
印　　　刷　株式会社 ブレイン

© Fuminobu Fukai
ISBN978-4-86641-290-0 C0041
Printed in Japan 2019
落丁・乱丁はお取替えいたします。

ご意見、ご感想をお寄せ下さい。

[宛先] 〒113-0021　東京都文京区本駒込 3-10-4
　　　　東京図書出版